Alexandre Volta

François Arago

FSC
www.fsc.org
MIXTE
Papier issu
de sources
responsables
Paper from
responsible sources
FSC® C105338

Alexandre Volta

ALEXANDRE VOLTA

BIOGRAPHIE LUE EN SÉANCE PUBLIQUE DE L'ACADÉMIE DES SCIENCES, LE 26 JUILLET 1831.

Messieurs, l'ambre jaune, lorsqu'il a été frotté, attire vivement les corps légers, tels que des barbes de plumes, des brins de paille, de la sciure de bois. Théophraste parmi les Grecs, Pline chez les Romains, citèrent déjà cette propriété, mais sans paraître y attacher plus d'importance qu'à un simple accident de forme ou de couleur. Ils ne se doutèrent pas qu'ils venaient de toucher au premier anneau d'une longue chaîne de découvertes ; ils méconnurent l'importance d'une observation qui, plus tard, devait fournir des moyens assurés de désarmer les nuées orageuses, de conduire, dans les entrailles de la terre, sans danger et même sans explosion, la foudre que ces nuées recèlent.

Le nom grec de l'ambre, *électron*, a conduit au mot électricité, par lequel on désigna d'abord la puissance attractive des corps frottés. Ce même mot s'applique maintenant à une grande variété d'effets, à tous les détails d'une brillante science.

L'électricité était restée longtemps, dans les mains des physiciens, le résultat presque exclusif de combinaisons compliquées que les phénomènes naturels présentaient rarement réunies. L'homme de génie, dont je dois aujourd'hui analyser les travaux, s'élança le premier hors de ces étroites limites. Avec le secours de quelques appareils microscopiques, il vit, il trouva l'électricité partout, dans la combustion, dans l'évaporation, dans le simple attouchement de deux corps dissemblables. Il assigna ainsi à cet agent puissant un rôle immense qui dans les phénomènes terrestres, le cède à peine à celui de la pesanteur.

La filiation de ces importantes découvertes m'a semblé devoir être tracée avec quelques développements. J'ai cru qu'à une époque où le besoin de connaissances positives est si généralement senti, les éloges académiques pourraient devenir des chapitres anticipés d'une histoire générale des sciences. Au reste, c'est ici de ma part un simple essai, sur lequel j'appelle franchement la critique sévère et éclairée du public.

Alexandre Volta, un des huit associés étrangers de l'Académie des Sciences, naquit à Come, dans le Milanais, le 18 février 1745, de Philippe Volta et de Madeleine de Conti Inzaghi. Il fit ses premières études sous la surveillance paternelle, dans l'école publique de sa ville natale. D'heureuses dispositions, une application soutenue, un grand esprit d'ordre, le placèrent bientôt à la tête de ses condisciples.

À dix-huit ans, le studieux écolier était déjà en commerce de lettres avec Nollet, sur les questions les plus délicates de la physique. À dix-neuf ans, il composa un poëme latin, qui n'a pas encore vu le jour, et dans lequel il décrivait les phénomènes découverts par les plus célèbres expérimentateurs du temps. On a dit qu'alors la vocation de Volta était encore incertaine ; pour moi, je ne saurais en convenir : un jeune homme ne doit guère tarder à changer son art poétique contre une cornue, dès qu'il a eu la singulière pensée de choisir la chimie pour sujet de ses compositions littéraires. Si l'on excepte en effet quelques vers destinés à célébrer le voyage de Saussure au sommet du Mont-Blanc, nous ne trouverons plus dans la longue carrière de l'illustre physicien que des travaux consacrés à l'étude de la nature.

Volta eut la hardiesse, à l'âge de vingt-quatre ans, d'aborder, dans son premier Mémoire, la question si délicate de la bouteille de Leyde. Cet appareil avait été découvert en 1746. La singularité de ses effets aurait amplement suffi pour justifier la curiosité qu'il excita dans toute l'Europe ; mais cette curiosité fut due aussi, en grande partie, à la folle exagération de Musschenbroek ; à l'inexplicable frayeur qu'éprouva ce physicien en recevant une faible décharge, à laquelle, disait-il emphatiquement, il ne s'exposerait pas de nouveau pour le plus beau royaume de l'univers. Au surplus, les nombreuses théories dont la bouteille devint successivement l'objet, mériteraient peu d'être recueillies aujourd'hui. C'est à Franklin qu'est dû l'honneur d'avoir éclairci cet important problème, et le travail de Volta, il faut le reconnaître, semble avoir peu ajouté à celui de l'illustre philosophe américain.

Le second Mémoire du physicien de Come parut dans l'année 1771. Ici on ne trouve déjà presque plus aucune idée systématique. L'observation est le seul guide de l'auteur dans les recherches qu'il entreprend pour déterminer la nature de l'électricité des corps recouverts de tel ou tel autre enduit ; pour assigner les circonstances de température, de couleur, d'élasticité, qui font varier le phénomène ; pour étudier soit l'électricité produite par frottement, par percussion, par pression ; soit celle qu'on engendre à l'aide de la lime ou du racloir ; soit enfin les propriétés d'une nouvelle espèce de machine électrique dans laquelle le plateau mobile et les supports isolants étaient de bois desséché.

De ce côté-ci des Alpes, les deux premiers Mémoires de Volta furent à peine lus. En Italie, ils produisirent au contraire une assez vive sensation. L'autorité, dont les prédilections sont si généralement malencontreuses partout où dans son amour aveugle pour le pouvoir absolu elle refuse jusqu'au modeste droit de présentation à des juges compétents, s'empressa elle-même d'encourager le jeune expérimentateur. Elle le nomma régent de l'école royale de Come, et bientôt après professeur de physique.

Les missionnaires de Pékin, dans l'année 1755, communiquèrent aux savants de l'Europe un fait important que le hasard leur avait présenté, concernant l'électricité par influence qui, sur certains corps, se montre ou disparaît suivant que ces corps sont séparés ou en contact immédiat. Ce fait donna naissance à d'intéressantes recherches d'Æpinus, de Wileke, de Cigna et de Beccaria. Volta à son tour en fit l'objet d'une étude particulière. Il y trouva le germe de l'*électrophore perpétuel*, instrument admirable, qui, même sous le plus petit volume, est une source intarissable du fluide électrique, où, sans avoir besoin d'engendrer aucune espèce de frottement, et quelles que soient les circonstances atmosphériques, le physicien peut aller sans cesse puiser des charges d'égale force.

Au Mémoire sur l'Électrophore succéda, en 1778, un autre travail très-important. Déjà on avait reconnu qu'un corps donné, vide ou plein, a la même capacité électrique, pourvu que la surface reste constante. Une observation de Lemonnier indiquait, de plus, qu'à égalité de surface la forme du corps n'est pas sans influence. C'est Volta toutefois, qui le premier, établit ce principe sur une base solide. Ses expériences montrèrent que, de doux cylindres de même surface, le plus long reçoit la plus forte charge, de manière que partout où le local le permet il y a un immense avantage à substituer aux larges conducteurs des machines ordinaires, un système de très-petits cylindres, quoiqu'en masse ceux-ci ne forment pas un volume plus grand. En combinant, par exemple, 16 files de minces bâtons argentés de 1,000 pieds de longueur chacune, on aurait, suivant Volta, une machine dont les étincelles, véritablement fulminantes, tueraient les plus gros animaux.

Il n'est pas une seule des découvertes du professeur de Come qui soit le fruit du hasard. Tous les instruments dont il a enrichi la science, existaient en principe dans son imagination, avant qu'aucun artiste travaillât à leur exécution matérielle. Il n'y eut rien de fortuit, par exemple, dans les modifications que Volta fit subir à l'électrophore pour le transformer en *condensateur*, véritable microscope d'une espèce nouvelle, qui décèle la présence du fluide électrique là où tout autre moyen resterait muet.

Les années 1776 et 1777 nous montreront Volta travaillant pendant quelques mois sur un sujet de pure chimie. Toutefois, l'électricité, sa science de prédilection, viendra s'y rattacher par les combinaisons les plus heureuses.

À cette époque, les chimistes n'ayant encore trouvé le gaz inflammable natif que dans les mines de charbon de terre et de sel gemme, le regardaient comme un des attributs exclusifs du règne minéral. Volta, dont les réflexions avaient été dirigées sur cet objet par une observation accidentelle du P. Campi, montra qu'on se trompait. Il prouva que la putréfaction des substances animales et végétales est toujours accompagnée d'une production de gaz inflammable ; que, si l'on remue le fond d'une eau croupissante, la vase d'une lagune, ce gaz s'échappe à travers le liquide, en produisant toutes les apparences de l'ébullition ordinaire. Ainsi le *gaz inflammable* des marais qui a tant occupé les chimistes depuis quelques années, est, quant à son origine, une découverte de Volta.

Cette découverte devait faire croire que certains phénomènes naturels, que ceux, par exemple, des terrains enflammés et des fontaines ardentes, avaient une cause semblable ; mais Volta savait trop à quel point la nature se joue de nos fragiles conceptions, pour s'abandonner légèrement à de simples analogies. Il s'empressa (1780) d'aller visiter les célèbres terrains de *Pietra Mala*, de *Velleja* ; il soumit à un examen sévère tout ce qu'on lisait dans divers voyages sur des localités analogues, et il parvint ensuite à établir, avec une entière évidence, contre les opinions reçues, que ces phénomènes ne dépendent point de la présence du pétrole, du naphte ou du bitume ; il démontra, de plus, qu'un dégagement de gaz inflammable en est l'unique cause. Volta a-t-il prouvé avec la même rigueur que ce gaz, en tout lieu, a pour origine une macération de substances animales ou végétales ? Je pense qu'il est permis d'en douter.

L'étincelle électrique avait servi de bonne heure à enflammer certains liquides, certaines vapeurs, certains gaz, tels que l'alcool, la fumée d'une chandelle nouvellement éteinte, le gaz hydrogène ; mais toutes ces expériences se faisaient à l'air libre. Volta est le premier qui les ait répétées dans des vases clos (1777). C'est donc à lui qu'appartient l'appareil dont Cavendish se servit en 1781 pour opérer la synthèse de l'eau, pour engendrer ce liquide à l'aide de ses deux principes constituants gazeux.

Notre illustre confrère avait au plus haut degré deux qualités qui marchent rarement réunies : le génie créateur et l'esprit d'application. Jamais il n'abandonna un sujet, sans l'avoir envisagé sous toutes ses faces, sans avoir décrit ou du moins signalé les divers instruments que la science, l'industrie ou la simple curiosité pourraient y puiser. Ainsi, quelques essais relatifs à l'inflammation de l'air des marais, firent naître d'abord le *fusil* et le *pistolet* électriques, sur lesquels il serait superflu d'insister, puisque des mains du physicien ils sont passés dans celles du bateleur, et que la place publique les offre journellement aux regards des oisifs ébahis ; ensuite la *lampe perpétuelle à gaz hydrogène*, si répandue en Allemagne, et qui, par la plus ingénieuse application de l'électrophore, s'allume d'elle-même quand on le désire ; enfin, l'*eudiomètre* ce précieux moyen d'analyse dont les chimistes ont tiré un parti si utile.

La découverte de la composition de l'air atmosphérique a fait naître de nos jours cette grande question de philosophie naturelle : La proportion dans laquelle les deux principes constituants de l'air se trouvent réunis, varie-t-elle avec la succession des siècles, d'après la position des lieux suivant les saisons ?

Lorsqu'on songe que tous les hommes, que tous les quadrupèdes, que tous les oiseaux consomment incessamment dans l'acte de la respiration un seul de ces deux principes, le gaz oxygène ; que ce même gaz est l'aliment indispensable de la combustion, dans nos foyers domestiques, dans tous les ateliers, dans les plus vastes usines ; qu'on n'allume pas une chandelle, une lampe, un réverbère, sans qu'il aille aussi s'y absorber ; que l'oxygène, enfin, joue un rôle capital dans les phénomènes de la végétation, il est permis d'imaginer qu'à la longue l'atmosphère varie sensiblement dans sa composition ; qu'un jour elle sera impropre à la respiration ; qu'alors tous les animaux seront anéantis, non à la suite d'une de ces révolutions physiques dont les géologues ont trouvé tant d'indices, et qui, malgré leur immense étendue, peuvent laisser des chances de salut à quelques individus favorablement placés ; mais, par une cause générale et inévitable, contre laquelle les zones glacées du pôle, les régions brûlantes de l'équateur, l'immensité de l'Océan, les plaines si prodigieusement élevées de l'Asie ou de l'Amérique, les cimes neigeuses des Cordillères et de l'Himalaya, seraient également impuissantes. Étudier tout ce qu'à l'époque actuelle ce grand phénomène a d'accessible, recueillir des données exactes que les siècles à venir féconderont, tel était le devoir que les physiciens se sont empressés d'accomplir, surtout depuis que l'eudiomètre à étincelle électrique leur en a donné les moyens. Pour répondre à quelques objections que les premiers essais de cet instrument avaient fait naître, MM. de Humboldt et Gay-Lussac le soumirent, en l'an XIII, au plus scrupuleux examen. Lorsque de pareils juges déclarent qu'aucun des eudiomètres connus n'approche en exactitude de celui de Volta, le doute même ne serait pas permis.

Puisque j'ai abandonné l'ordre chronologique, avant de m'occuper des deux plus importants travaux de notre vénérable confrère, avant d'analyser ses recherches sur l'électricité atmosphérique, avant de caractériser sa découverte de la pile, je signalerai, en quelques mots, les expériences qu'il publia pendant l'année 1793, au sujet de la dilatation de l'air.

Cette question capitale avait déjà attiré l'attention d'un grand nombre de physiciens habiles, qui ne s'étaient accordés ni sur l'accroissement total de volume que l'air éprouve entre les températures fixes de la glace fondante et de l'ébullition, ni sur la marche des dilatations dans les températures intermédiaires. Volta découvrit la cause de ces discordances ; il montra qu'en opérant dans un vase contenant de l'eau, on doit trouver des dilatations croissantes ; que s'il n'y a dans l'appareil d'autre humidité que celle dont les parois vitreuses sont ordinairement recouvertes, la dilatation apparente de l'air peut être croissante dans le bas de l'échelle thermométrique, et décroissante dans les degrés élevés ; il prouva, enfin, par des mesures délicates, que l'air atmosphérique, s'il est renfermé dans un vase parfaitement sec, se dilate proportionnellement à sa température, quand celle-ci est mesurée sur un thermomètre à mercure portant des divisions égales ; or, comme les travaux de Deluc et de

Crawford paraissaient établir qu'un pareil thermomètre donne les vraies mesures des quantités de chaleur, Volta se crut autorisé à énoncer la loi si simple qui découlait de ses expériences, dans ces nouveaux termes dont chacun appréciera l'importance : l'élasticité, d'un volume donné d'air atmosphérique est proportionnelle à sa chaleur.

Lorsqu'on échauffait de l'air pris à une basse température et contenant toujours la même quantité d'humidité, sa force élastique augmentait comme celle de l'air sec. Volta en conclut que la vapeur d'eau et l'air proprement dit se dilatent précisément de même. Tout le monde sait aujourd'hui que ce résultat est exact ; mais l'expérience du physicien de Come devait laisser des doutes, car aux températures ordinaires, la vapeur d'eau se mêle à l'air atmosphérique dans de très-petites proportions.

Volta appelait le travail que je viens d'analyser une simple ébauche. D'autres recherches très-nombreuses et du même genre auxquelles il s'était livré, devaient faire partie d'un Mémoire qui n'a jamais vu le jour. Au reste, sur ce point, la science paraît aujourd'hui complète, grâce à MM. Gay-Lussac et Dalton. Les expériences de ces ingénieux physiciens, faites à une époque où le Mémoire de Volta, quoique publié, n'était encore connu ni en France ni en Angleterre, étendent à tous les gaz, permanents ou non, la loi donnée par le savant italien. Elles conduisent de plus dans tous les cas au même coefficient de dilatation.

Je ne m'occuperai des recherches de Volta sur l'électricité atmosphérique qu'après avoir tracé un aperçu rapide des expériences analogues qui les avaient précédées. Pour juger sainement de la route qu'un voyageur a parcourue, il est souvent utile d'apercevoir d'un même coup d'œil le point de départ et la dernière station.

Le Dr Wall, qui écrivait en 1708, doit être nommé ici le premier, car on trouve dans un de ses Mémoires cette ingénieuse réflexion : « La lumière et le craquement des corps électrisés semblent, *jusqu'à un certain point*, représenter l'éclair et le tonnerre. » Stephen Grey publiait, à la date de 1735, une remarque analogue. « Il est probable, disait cet illustre physicien, qu'avec le temps on trouvera les moyens de concentrer de plus abondantes quantités de feu électrique, et d'augmenter la force d'un agent qui, d'après plusieurs de mes expériences, s'il est permis de comparer les grandes aux petites choses, paraît être de la même nature que le tonnerre et les éclairs. »

La plupart des physiciens n'ont vu dans ces passages que de simples comparaisons. Ils ne croient pas qu'en assimilant les effets de l'électricité à ceux du tonnerre, Wall et Grey aient prétendu en conclure l'identité des causes. Ce doute, au surplus, ne serait pas applicable aux aperçus insérés par Nollet, en 1746, dans ses Leçons de physique expérimentale. Là, en effet, suivant l'auteur, une nuée orageuse, au-dessus des objets terrestres, n'est autre chose qu'un corps électrisé placé en présence de corps qui ne le sont pas. *Le tonnerre, entre les mains de la nature, c'est l'électricité entre les mains des physiciens.* Plusieurs similitudes d'action sont signalées ; rien ne manque, en un mot, à cette ingénieuse théorie, si ce n'est la seule chose dont une théorie ne saurait se passer pour prendre définitivement place dans la science, la sanction d'expériences directes.

Les premières vues de Franklin sur l'analogie de l'électricité et du tonnerre n'étaient, comme les idées antérieures de Nollet, que de simples conjectures. Toute la différence, entre les deux physiciens, se réduisait alors à un projet d'expérience, dont Nollet n'avait pas parlé, et qui semblait promettre des arguments définitifs pour ou contre l'hypothèse. Dans cette expérience, on devait, par un temps d'orage, rechercher si une tige métallique isolée et terminée par une pointe, ne donnerait pas des étincelles analogues à celles qui se détachent du conducteur de la machine électrique ordinaire.

Sans porter atteinte à la gloire de Franklin, je dois remarquer que l'expérience proposée était presque inutile. Les soldats de la cinquième légion romaine l'avaient déjà faite pendant la guerre d'Afrique, le jour où, comme César le rapporte, le fer de tous les javelots parut en feu à la suite d'un orage. Il en est de même des nombreux navigateurs à qui *Castor et Pollux* s'étaient montrés, soit aux pointes métalliques des mâts ou des vergues, soit sur d'autres parties saillantes de leurs navires. Enfin, dans certaines contrées, en Frioul, par exemple, au château de Duino, le factionnaire exécutait strictement ce que désirait Franklin, lorsque, conformément à sa consigne, et dans la vue de décider quand il fallait, en mettant une cloche en branle, avertir les campagnards de l'approche d'un orage, il allait examiner avec sa hallebarde si le fer d'une pique plantée verticalement sur le rempart donnait des étincelles. Au reste, soit que plusieurs de ces circonstances fussent ignorées, soit qu'on ne les trouvât pas démonstratives, des essais directs semblèrent nécessaires, et c'est à Dalibard, notre compatriote, que la science en a été redevable. Le 10 mai 1752, pendant un orage, la grande tige de métal pointue qu'il avait établie dans un jardin de Marly-la-Ville, donnait de petites étincelles, comme le fait le conducteur de la machine électrique ordinaire quand on en approche un fil de fer. Franklin ne réalisa cette même expérience aux États-Unis, à l'aide d'un cerf-volant, qu'un mois plus tard. Les paratonnerres en étaient la conséquence immédiate. L'illustre physicien d'Amérique s'empressa de le proclamer.

La partie du public qui, en matière de sciences, est réduite à juger sur parole, ne se prononce presque jamais à demi. Elle admet ou rejette, qu'on me passe ce terme, avec emportement. Les paratonnerres, par exemple, devinrent l'objet d'un véritable enthousiasme dont il est curieux de suivre les élans dans les écrits de l'époque. Ici, vous trouvez des voyageurs qui, en rase campagne, croient conjurer la foudre en mettant l'épée à la main contre les nuages, dans la posture d'Ajax menaçant les dieux ; là, des gens d'église, à qui leur costume interdit l'épée, regrettent amèrement d'être privés de ce talisman conservateur ; celui-ci propose sérieusement, comme un préservatif infaillible, de se placer sous une gouttière, dès le début de l'orage, attendu que les étoffes mouillées sont d'excellents conducteurs de l'électricité ; celui-là invente certaines coiffures d'où pendent de longues chaînes métalliques qu'il faut avoir grand soin de laisser constamment traîner dans le ruisseau, etc., etc. Quelques physiciens, il faut le dire, ne partageaient pas cet engouement. Ils admettaient l'identité de la foudre et du fluide électrique, l'expérience de Marly-la-Ville ayant à cet égard prononcé définitivement ; mais les rares étincelles qui étaient sorties de la tige et leur petitesse, faisaient douter qu'on pût épuiser ainsi l'immense quantité de matière fulminante dont une nuée orageuse doit être chargée. Les effrayantes expériences faites par Romas de Nérac ne vainquirent pas leur opposition, parce que cet observateur s'était servi d'un cerf-volant à corde métallique qui allait, à plusieurs centaines de pieds de hauteur, puiser le tonnerre dans la région même des nuages. Bientôt, cependant la mort déplorable de Richman[1], occasionnée par la simple décharge provenant de la barre isolée du paratonnerre ordinaire que ce physicien distingué avait fait établir sur sa maison de Saint-Pétersbourg, vint fournir de nouvelles lumières. Les érudits virent dans cette fin tragique l'explication du passage où Pline le naturaliste rapporte que

Tullus Hostilius fut foudroyé pour avoir mis peu d'exactitude dans l'accomplissement des cérémonies à l'aide desquelles Numa, son prédécesseur, forçait le tonnerre à descendre du ciel. D'autre part, et ceci avait plus d'importance, les physiciens sans prévention trouvèrent dans le même événement une donnée qui leur manquait encore, savoir qu'en certaines circonstances, une barre de métal peu élevée arrache aux nuées orageuses non pas seulement d'imperceptibles étincelles, mais de véritables torrents d'électricité. Aussi, à partir de cette époque, les discussions relatives à l'efficacité des paratonnerres n'ont eu aucun intérêt. Je n'en excepte même pas le vif débat sur les paratonnerres terminés en pointe ou en boule, qui divisa quelque temps les savants anglais. Personne, en effet, n'ignore aujourd'hui que George III était le promoteur de cette polémique ; qu'il se déclara pour les paratonnerres en boule, parce que Franklin, alors son heureux antagoniste sur des questions politiques d'une immense importance, demandait qu'on les terminât en pointe, et que cette discussion, tout bien considéré, appartient plutôt, comme très-petit incident, à l'histoire de la révolution américaine qu'à celle de la science.

Les résultats de l'expérience de Marly étaient à peine connus, que Lemonnier, de cette Académie, fit établir dans son jardin de Saint-Germain-en-Laye une longue barre métallique verticale qu'il isola du sol avec quelques nouvelles précautions ; eh bien ! dès ce moment, les aigrettes électriques lui apparurent (juillet et septembre

1752), non-seulement quand le tonnerre grondait, non-seulement quand l'atmosphère était couverte de nuages menaçants, mais encore *par un ciel parfaitement serein.* Une belle découverte devint ainsi le fruit de la modification en apparence la plus insignifiante dans le premier appareil de Dalibard.

Lemonnier reconnut sans peine que cette *foudre des jours sereins* dont il venait de dévoiler l'existence, était soumise toutes les vingt-quatre heures à des variations régulières d'intensité. Beccaria traça les lois de cette période diurne à l'aide d'excellentes observations. Il établit de plus ce fait capital, que dans toutes les saisons, à toutes les hauteurs, par tous les vents, l'électricité d'un ciel serein est constamment positive ou vitrée.

En suivant ainsi par ordre de dates les progrès de nos connaissances sur l'électricité atmosphérique, j'arrive aux travaux dont Volta a enrichi cette branche importante de la météorologie. Ces travaux ont eu tour à tour pour objet le perfectionnement des moyens d'observation et l'examen minutieux des diverses circonstances dans lesquelles se développe le fluide électrique qui ensuite va envahir toutes les régions de l'air.

Quand une branche des sciences vient de naître, les observateurs ne s'occupent guère que de la découverte de nouveaux phénomènes, réservant leur appréciation numérique pour une autre époque. Dans l'électricité, par exemple, plusieurs physiciens s'étaient fait une réputation justement méritée : disons plus, la bouteille de Leyde ornait déjà tous les cabinets de l'Europe, et personne n'avait encore imaginé un véritable électromètre. Le premier instrument de ce genre qu'on ait exécuté ne remonte qu'à l'année 1749. Il était dû à deux membres de cette Académie, Darcy et Le Roy. Son peu de mobilité dans les petites charges empêcha qu'il ne fût adopté.

L'électromètre proposé par Nollet (1752) paraissait au premier aperçu plus simple, plus commode et surtout infiniment plus sensible. Il devait se composer de deux fils qui, après avoir été électrisés, ne pouvaient manquer, par un effet de répulsion, de s'ouvrir comme les deux branches d'un compas. La mesure cherchée se serait ainsi réduite à l'observation d'un angle.

Cavallo réalisa ce que Nollet avait seulement indiqué (1780). Ses fils étaient de métal et portaient à leurs extrémités de petites sphères de moelle de sureau.

Volta, enfin, supprima le sureau, et substitua des pailles sèches aux fils métalliques. Ce changement paraîtrait sans importance, si l'on ne disait que le nouvel électromètre possède seul la propriété précieuse, et tout à fait inattendue, de donner entre 0 et 30° des écartements angulaires des deux pailles exactement proportionnels aux charges électriques.

La lettre à Lichtenberg, en date de 1786, dans laquelle Volta établit par de nombreuses expériences les propriétés des électromètres à pailles, renferme sur les moyens de rendre ces instruments comparables, sur la mesure des plus fortes charges, sur certaines combinaisons de l'électromètre et du condensateur, des vues intéressantes dont on est étonné de ne trouver aucune trace dans les ouvrages les plus récents. Cette lettre ne saurait être trop recommandée aux jeunes physiciens. Elle les initiera à l'art si difficile des expériences ; elle leur apprendra à se défier des premiers aperçus, à varier sans cesse la forme des appareils ; et si une imagination impatiente devait leur faire abandonner la voie lente, mais certaine, de l'observation, pour de séduisantes rêveries, peut-être seront-ils arrêtés sur ce terrain glissant en voyant un homme de génie ne se laisser rebuter par aucun détail. Et d'ailleurs, à une époque où, sauf quelques honorables exceptions, la publication d'un livre est une opération purement mercantile, où les traités de science, surtout, taillés sur le même patron, ne diffèrent entre eux que par des nuances de rédaction souvent imperceptibles, où chaque auteur néglige bien scrupuleusement toutes les expériences, toutes les théories, tous les instruments que son prédécesseur immédiat a oubliés ou méconnus, on accomplit, je crois, un devoir en dirigeant l'attention des commençants vers les sources originales. C'est là, et là seulement, qu'ils puiseront d'importants sujets de recherches ; c'est là qu'ils trouveront l'histoire fidèle des découvertes, qu'ils apprendront à distinguer clairement le vrai de l'incertain, à se défier enfin des théories hasardées que les compilateurs sans discernement adoptent avec une aveugle confiance.

Lorsqu'on profitant de la grande action que les pointes exercent sur le fluide électrique, Saussure fut parvenu

(1785), par la simple addition d'une tige de huit à neuf décimètres de long, à beaucoup augmenter la sensibilité de l'électromètre de Cavallo ; lorsque, à la suite de tant de minutieuses expériences, les fils métalliques portant des boules de moelle de sureau du physicien de Naples, eurent été remplacés par des pailles sèches, on dut croire que ce petit appareil ne pourrait guère recevoir d'autres améliorations importantes. Volta, cependant, en 1787, parvint à étendre considérablement sa puissance sans rien changer à la construction primitive. Il eut recours, pour cela, au plus étrange des expédients : il adapta à la pointe de la tige métallique introduite par Saussure, soit une bougie, soit même une simple mèche enflammée !

Personne assurément n'aurait prévu un pareil résultat ! Les expérimentateurs découvrirent de bonne heure que la flamme est un excellent conducteur de l'électricité ; mais cela même ne devait-il pas éloigner la pensée de l'employer comme puissance collectrice ? Au reste, Volta, doué d'un sens si droit, d'une logique si sévère, ne s'abandonna entièrement aux conséquences du fait étrange qui venait de s'offrir à lui qu'après l'avoir expliqué. Il trouva que si une bougie amène sur la pointe qu'elle surmonte trois ou quatre fois plus d'électricité qu'on n'en recueillerait autrement, c'est à cause du courant d'air qu'engendre la flamme, c'est à raison des communications multipliées qui s'établissent ainsi entre la pointe de métal et les molécules atmosphériques.

Puisque des flammes enlèvent l'électricité à l'air beaucoup mieux que des tiges métalliques pointues, ne s'ensuit-il pas, dit Volta, que le meilleur moyen de prévenir les orages ou de les rendre peu redoutables, serait d'allumer d'énormes feux au milieu des champs, ou mieux encore, sur des lieux élevés. Après avoir réfléchi sur les grands effets du très-petit lumignon de l'électromètre, on ne voit rien de déraisonnable à supposer qu'une large flamme puisse, en peu d'instants, dépouiller de tout fluide électrique d'immenses volumes d'air et de vapeur.

Volta désirait qu'on soumît cette idée à l'épreuve d'une expérience directe. Jusqu'ici ses vœux n'ont pas été entendus. Peut-être obtiendrait-on à cet égard quelques notions encourageantes, si l'on comparait les observations météorologiques des comtés de l'Angleterre que tant de hauts-fourneaux et d'usines transforment nuit et jour en océans de feu, à celles des contés agricoles environnants.

Les feux paratonnerres firent sortir Volta de la gravité sévère qu'il s'était constamment imposée. Il essaya d'égayer son sujet aux dépens des érudits qui, semblables au fameux Dutens, aperçoivent toujours, mais après coup, dans quelque ancien auteur, les découvertes de leurs contemporains, Il les engage à remonter, dans ce cas, jusqu'aux temps fabuleux de la Grèce et de Rome ; il appelle leur attention sur les sacrifices à ciel ouvert, sur les flammes éclatantes des autels, sur les noires colonnes de fumée qui, du corps des victimes, s'élevaient dans les airs ; enfin, sur toutes les circonstances des cérémonies que le vulgaire croyait destinées à apaiser la colère des dieux, à désarmer le bras fulminant de Jupiter. Tout cela ne serait qu'une simple expérience de physique, dont les prêtres seuls possédaient le secret, et destinée à ramener silencieusement sur la terre l'électricité de l'air et des nuées. Les Grecs et les Romains, aux époques les plus brillantes de leur histoire, faisaient, il est vrai, les sacrifices dans des temples fermés ; mais, ajoute Volta, cette difficulté n'est pas sans réplique, puisqu'on peut dire que Pythagore, Aristote, Cicéron, Pline, Sénèque, étaient des ignorants qui, même par simple tradition, n'avaient pas les connaissances scientifiques de leurs devanciers !

La critique ne pouvait être plus incisive ; mais, pour en attendre quelque effet, il faudrait oublier qu'en cherchant dans de vieux livres les premiers rudiments vrais ou faux des grandes découvertes, les zoïles de toutes les époques se proposent bien moins d'honorer un mort que de déconsidérer un de leurs contemporains !

Presque tous les physiciens attribuent les phénomènes électriques à deux fluides de nature diverse, qui, dans certaines circonstances, vont s'accumuler séparément à la surface des corps. Cette hypothèse conduisait naturellement à rechercher de quelle source émane l'électricité atmosphérique. Le problème était important. Une expérience délicate, quoique très-simple, mit sur la voie de la solution.

Dans cette expérience, un vase isolé d'où l'eau s'évaporait donna, à l'aide du condensateur de Volta, des indices manifestes d'électricité négative.

Je regrette de ne pouvoir dire, avec une entière certitude, à qui appartient cette expérience capitale. Volta rapporte dans un de ses Mémoires qu'il y avait songé dès l'année 1778, mais que diverses circonstances l'ayant empêché de la tenter, ce fut à Paris seulement et dans le mois de mars 1780 qu'elle lui réussit *en compagnie* de quelques membres de l'Académie des sciences. D'une autre part, Lavoisier et Laplace, à la dernière ligne du Mémoire qu'ils publièrent sur le même sujet, disent seulement : *Volta voulut bien assister à nos expériences et nous y être utile.*

Comment concilier deux versions aussi contradictoires ! Une note historique, publiée par Volta lui-même, est loin de dissiper tous les doutes. Cette note, quand on l'examine attentivement, ne dit, d'une manière expresse, ni à qui l'idée de l'expérience appartient, ni lequel des trois physiciens devina qu'elle réussirait à l'aide du condensateur. Le premier essai fait à Paris par Volta et les deux savants français réunis fut infructueux, l'état hygrométrique de l'atmosphère n'ayant pas été favorable. Peu de jours après, à la campagne de Lavoisier, les signes électriques devinrent manifestes quoiqu'on n'eût pas changé les moyens d'observation. Volta n'assistait point à la dernière épreuve.

Cette circonstance a été l'origine de toutes les difficultés. Quelques physiciens, en thèse générale, considèrent comme inventeurs, sans plus ample examen, ceux qui les premiers, appelant l'expérience à leur aide, ont constaté l'existence d'un fait. D'autres ne voient qu'un mérite secondaire dans le travail, suivant eux presque matériel, que les expériences nécessitent. Ils réservent leur estime pour ceux qui les ont projetées.

Ces principes sont l'un et l'autre trop exclusifs. Pascal laissa à Perrier, son beau-frère, le soin de monter sur le Puy-de-Dôme pour y observer le baromètre, et le nom de Pascal est cependant le seul qu'on associe à celui de Toricelli, en parlant des preuves de la pesanteur de l'air. Michell et Cavendish, au contraire, aux yeux des physiciens éclairés, ne partagent avec personne le mérite de leur célèbre expérience sur l'attraction des corps terrestres, quoique avant eux on eût bien souvent songé à la faire ; ici, en effet, l'exécution était tout. Le travail de Volta, de Lavoisier et de Laplace, ne rentre ni dans l'une ni dans l'autre de ces deux catégories. Je l'admettrai, si l'on veut, un homme de génie pouvait seul imaginer que l'électricité concourt à la génération des vapeurs ; mais pour faire sortir cette idée du domaine des hypothèses, il fallait créer des moyens particuliers d'observation, et même de nouveaux instruments. Ceux dont Lavoisier et Laplace se servirent étaient dus à Volta. On les construisit à Paris sous ses yeux ; il assista aux premiers essais. Des preuves aussi multipliées, d'une coopération directe, rattachent incontestablement le nom de Volta à toute théorie de l'électricité des vapeurs ; qui oserait, cependant, en l'absence d'une déclaration contraire et positive de ce grand physicien, affirmer que l'expérience ne fut pas entreprise à la suggestion des savants français ? Dans le doute, ne sera-t-il point naturel, en deçà comme au delà des Alpes, de ne plus séparer, en parlant de ces phénomènes, les noms de Volta, de Lavoisier, de Laplace ; de cesser d'y voir, ici une question de nationalité mal entendue, là un sujet d'accusations virulentes qu'on pourrait à peine excuser si aucun nuage n'obscurcissait la vérité ?

Ces réflexions mettront fin, je l'espère, à un fâcheux débat que des passions haineuses s'attachaient à perpétuer ; elles montreront, en tout cas, par un nouvel exemple, combien la propriété des œuvres de l'esprit est un sujet délicat. Lorsque trois des plus beaux génies du XVIIIe siècle, déjà parvenus au faîte de la gloire, n'ont pas pu s'accorder sur la part d'invention qui revenait à chacun d'eux dans une expérience faite en commun, devra-t-on s'étonner de voir naître de tels conflits entre des débutants ?

Malgré l'étendue de cette digression je ne dois pas abandonner l'expérience qui l'a amenée sans avoir signalé toute son importance, sans avoir montré qu'elle est la base d'une branche très-curieuse de la météorologie. Deux mots, au reste, me suffiront.

Lorsque le vase métallique isolé dans lequel l'eau s'évapore devient électrique[2], c'est, dit Volta, que pour passer de l'état liquide à l'état aériforme, cette eau emprunte aux corps qu'elle touche, non-seulement de la chaleur, mais aussi de l'électricité. Le fluide électrique est donc une partie intégrante des grandes masses de vapeurs qui se forment journellement aux dépens des eaux de la mer, des lacs et des rivières. Ces vapeurs, en s'élevant, trouvent dans les hautes régions de l'atmosphère un froid qui les condense. Leur fluide électrique constituant s'y dégage, il s'y accumule, et la faible conductibilité de l'air empêche qu'il ne soit rendu à la terre, d'où il tire son origine, si ce n'est par la pluie, la neige, la grêle ou de violentes décharges.

Ainsi, d'après cette théorie, le fluide électrique qui, dans un jour d'orage, promène instantanément ses éblouissantes clartés de l'orient au couchant, et du nord au midi ; qui donne lieu à des explosions si retentissantes ; qui, en se précipitant sur la terre, porte toujours avec lui la destruction, l'incendie et la mort, serait le produit de l'évaporation journalière de l'eau, la suite inévitable d'un phénomène qui se développe par des nuances tellement insensibles, que nos sens ne sauraient en saisir les progrès ! Quand on compare les effets aux causes, la nature, il faut l'avouer, présente de singuliers contrastes !

1. ↥ Le 6 août 1753.
2. ↥ On sait aujourd'hui que l'expérience ne réussit pas quand on opère sur de l'eau distillée. Cette circonstance, certainement fort curieuse quant à la théorie de l'évaporation, n'atténue en rien l'importance météorologique du travail de Lavoisier, de Volta et de Laplace, puisque l'eau des mers, des lacs et des rivières, n'est jamais parfaitement pure.

J'arrive maintenant à l'une de ces rares époques dans lesquelles un fait capital et inattendu, fruit ordinaire de quelque heureux hasard, est fécondé par le génie, et devient la source d'une révolution scientifique.

Le tableau détaillé des grands résultats qui ont été amenés par de très-petites causes ne serait pas moins piquant, peut-être, dans l'histoire des sciences que dans celle des nations. Si quelque érudit entreprend jamais de le tracer, la branche de la physique actuellement connue sous le nom de galvanisme y occupera une des premières places. On peut prouver, en effet, que l'immortelle découverte de la pile se rattache, de la manière la plus directe, à un léger rhume dont une dame bolonaise fut attaquée en 1790, et au bouillon aux grenouilles que le médecin prescrivit comme remède.

Quelques-uns de ces animaux, déjà dépouillés par la cuisinière de madame Galvani, gisaient sur une table, lorsque, par hasard, on déchargea au loin une machine électrique. Les muscles, quoiqu'ils n'eussent pas été frappés par l'étincelle, éprouvèrent, au moment de sa sortie, de vives contractions. L'expérience renouvelée réussit également bien avec toute espèce d'animaux, avec l'électricité artificielle ou naturelle, positive ou négative.

Ce phénomène était très-simple. S'il se fût offert à quelque physicien habile, familiarisé avec les propriétés du fluide électrique, il eût à peine excité son attention. L'extrême sensibilité de la grenouille, considérée comme électroscope, aurait été l'objet de remarques plus ou moins étendues ; mais, sans aucun doute, on se serait arrêté là. Heureusement, et par une bien rare exception, le défaut de lumières devint profitable. Galvani, très-savant anatomiste, était peu au fait de l'électricité. Les mouvements musculaires qu'il avait observés lui paraissant inexplicables, se crut transporté dans un nouveau monde. Il s'attacha donc à varier ses expériences de mille manières. C'est ainsi qu'il découvrit un fait vraiment étrange, ce fait, que les membres d'une grenouille décapitée même depuis fort longtemps éprouvent des contractions très-intenses, sans l'intervention d'aucune électricité étrangère, quand on interpose une lame métallique, ou, mieux encore, deux lames de métaux dissemblables entre un muscle et un nerf. L'étonnement du professeur de Bologne fut alors parfaitement légitime, et l'Europe entière s'y associa.

Une expérience dans laquelle des jambes, des cuisses, des troncs d'animaux dépecés depuis plusieurs heures, éprouvent les plus fortes convulsions, s'élancent au loin, paraissent enfin revenir à la vie, ne pouvait pas rester longtemps isolée. En l'analysant dans tous ses détails, Galvani crut y trouver les effets d'une bouteille de Leyde. Suivant lui, les animaux étaient comme des réservoirs de fluide électrique. L'électricité positive avait son siège dans les nerfs, l'électricité négative dans les muscles. Quant à la lame métallique interposée entre ces organes, c'était simplement le conducteur par lequel s'opérait la décharge.

Ces vues séduisirent le public ; les physiologistes s'en emparèrent ; l'électricité détrôna le fluide nerveux, qui alors occupait tant de place dans l'explication des phénomènes de la vie, quoique, par une étrange distraction, personne n'eût cherché à prouver son existence. On se flatta, en un mot, d'avoir saisi l'agent physique qui porte au *sensorium* les impressions extérieures ; qui place chez les animaux la plupart des organes aux ordres de leur intelligence ; qui engendre les mouvements des bras, des jambes, de la tête, dès que la volonté a prononcé. Hélas ! ces illusions ne furent pas de longue durée ; tout ce beau roman disparut devant les expériences sévères de Volta.

Cet ingénieux physicien engendra d'abord des convulsions non plus, comme Galvani, en interposant deux métaux dissemblables entre un muscle et un nerf, mais en leur faisant toucher seulement un muscle.

Dès ce moment, la bouteille de Leyde se trouvait hors de cause ; elle ne fournissait plus aucun terme de comparaison possible. L'électricité négative des muscles, l'électricité positive des nerfs, étaient de pures hypothèses sans base solide ; les phénomènes ne se rattachaient plus à rien de connu ; ils venaient, en un mot, de se couvrir d'un voile épais.

Volta, toutefois, ne se découragea point. Il prétendit que, dans sa propre expérience, l'électricité était le principe des convulsions ; que le muscle y jouait un rôle tout à fait passif, et qu'il fallait le considérer simplement comme un conducteur par lequel s'opérait la décharge. Quant au fluide électrique, Volta eut la hardiesse de supposer qu'il était le produit inévitable de l'attouchement *des deux métaux* entre lesquels le muscle se trouvait compris : je dis des deux métaux, et non pas des deux lames, car, suivant Volta, sans une différence dans *la nature* des deux corps en contact, aucun développement électrique ne saurait avoir lieu.

Les physiciens de tous les pays de l'Europe, et Volta lui-même, adoptèrent, à l'origine du galvanisme, les vues de l'inventeur. Ils s'accordèrent à regarder les convulsions spasmodiques des animaux morts comme l'une des plus grandes découvertes des temps modernes. Pour peu qu'on connaisse le cœur humain, on a déjà deviné qu'une théorie destinée à rattacher ces curieux phénomènes aux lois ordinaires de l'électricité, ne pouvait être admise par Galvani et par ses disciples qu'avec une extrême répugnance. En effet, l'école bolonaise en corps défendit pied à pied l'immense terrain que la prétendue électricité animale avait d'abord envahi sans obstacle.

Parmi les faits nombreux que cette célèbre école apposa au physicien de Come, il en est un qui, par sa singularité, tint un moment les esprits en suspens. Je veux parler des convulsions que Galvani lui-même engendra en touchant les muscles de la grenouille avec deux lames, non pas dissemblables, comme Volta le croyait nécessaire, mais tirées toutes deux d'une seule et même plaque métallique.

Cet effet, quoiqu'il ne fut pas constant, présentait en apparence une objection insurmontable contre la nouvelle théorie.

Volta répondit que les lames employées par ses adversaires pouvaient être identiques quant au nom qu'elles portaient, quant à leur nature chimique, et différer cependant entre elles par d'autres circonstances, de manière à jouir de propriétés entièrement distinctes. Dans ses mains, en effet, des couples inactifs, composés de deux portions contiguës d'une même lame métallique, acquirent une certaine puissance dès qu'il eut changé la température, le degré de recuit ou le poli d'un seul des éléments.

Ainsi, ce débat n'ébranla point la théorie du célèbre professeur. Il prouva seulement que le mot *dissemblable*, appliqué à deux éléments métalliques superposés, avait été compris, quant aux phénomènes électriques, dans un sens beaucoup trop restreint.

Volta eut à soutenir un dernier et rude assaut. Cette fois, ses amis eux-mêmes le crurent vaincu sans retour. Le docteur Valli, son antagoniste, avait engendré des convulsions par le simple attouchement de deux parties de la grenouille, sans aucune intervention de ces armures métalliques qui, dans toutes les expériences analogues, avaient été, suivant notre confrère, le principe générateur de l'électricité.

Les lettres de Volta laissent deviner, dans plus d'un passage, combien il fut blessé du ton d'assurance avec lequel (je rapporte ses propres expressions) les galvanistes, *vieux et jeunes,* se vantaient de l'avoir réduit au silence. Ce silence, en tout cas, ne fut pas de longue durée, Un examen attentif des expériences de Valli prouva bientôt à Volta qu'il fallait, pour leur réussite, cette double condition : hétérogénéité aussi grande que possible entre les organes de l'animal amenés au contact ; interposition entre ces mêmes organes d'une troisième substance. Le principe fondamental de la théorie voltaïque, loin d'être ébranlé, acquérait ainsi une plus grande généralité. Les métaux ne formaient plus une classe à part. L'analogie conduisait à admettre que deux substances dissemblables, quelle qu'en fût la nature, donnaient lieu, par leur simple attouchement, à un développement d'électricité.

À partir de cette époque, les attaques des galvanistes n'eurent rien de sérieux. Leurs expériences ne se restreignirent plus aux très-petits animaux. Ils engendrèrent dans les naseaux, dans la langue, dans les yeux d'un bœuf tué depuis longtemps, d'étranges mouvements nerveux, fortifiant ainsi plus ou moins les espérances de ceux auxquels le galvanisme était apparu comme un moyen de ressusciter les morts. Quant à la théorie, ils n'apportaient aucune nouvelle lumière. En empruntant des arguments, non à la nature, mais à la grandeur des effets, les adeptes de l'école bolonaise ressemblaient fort à ce physicien qui, pour prouver que l'atmosphère n'est pas la cause de l'ascension du mercure dans le baromètre, imagina de substituer un large cylindre au tube étroit de cet instrument, et présenta ensuite comme une difficulté formidable, le nombre exact de quintaux de liquide soulevés.

Volta avait frappé à mort l'électricité animale. Ses conceptions s'étaient constamment adaptées aux expériences, mal comprises, à l'aide desquelles on espérait les saper. Cependant elles n'avaient pas, disons plus, elles ne pouvaient pas avoir encore l'entier assentiment des physiciens sans prévention. Le contact de deux métaux, de deux substances dissemblables, donnait naissance à un certain agent qui, comme l'électricité, produisait des mouvements spasmodiques. Sur ce fait, point de doute ; mais l'agent en question était-il véritablement électrique ? Les preuves qu'on en donnait pouvaient-elles suffire ?

Lorsqu'on dépose sur la langue, dans un certain ordre, deux métaux dissemblables, on éprouve au moment de leur contact une saveur acide. Si l'on change ces métaux respectivement de place, la saveur devient alcaline. Or, en appliquant simplement la langue au conducteur d'une machine électrique ordinaire, on sent aussi un goût acide ou alcalin, suivant que le conducteur est électrisé en plus ou en moins. Dans ce cas-ci, le phénomène est incontestablement dû à l'électricité. N'est-il pas naturel, disait Volta, de déduire l'identité des causes de la ressemblance des effets ; d'assimiler la première expérience à la seconde ; de ne voir entre elles qu'une seule différence, savoir, le mode de production du fluide qui va exciter l'organe du goût ?

Personne ne contestait l'importance de ce rapprochement. Le génie pénétrant de Volta pouvait y apercevoir les bases d'une entière conviction ; le commun des physiciens devait demander des preuves plus explicites. Ces preuves, ces démonstrations incontestables devant lesquelles toute opposition s'évanouit, Volta les trouva dans une expérience capitale que je puis expliquer en peu de lignes.

On applique exactement face à face, et sans intermédiaire, deux disques polis de cuivre et de zinc attachés à des manches isolants. À l'aide de ces mêmes manches, on sépare ensuite les disques d'une manière brusque ; finalement on les présente, l'un après l'autre, au *condensateur* ordinaire armé d'un électromètre : eh bien ! *les pailles divergent à l'instant.* Les moyens connus montrent d'ailleurs que les deux métaux sont dans des états électriques contraires ; que le zinc est positif et le cuivre négatif. En renouvelant plusieurs fois le contact des deux disques, leur séparation et l'attouchement de l'un d'eux avec le condensateur, Volta arriva, comme avec une machine ordinaire, à produire de vives étincelles.

Après ces expériences, tout était dit quant à la théorie des phénomènes galvaniques. La production de l'électricité par le simple contact de métaux dissemblables, venait de prendre place parmi les faits les plus importants et les mieux établis des sciences physiques. Si alors on pouvait encore émettre un vœu, c'était qu'on découvrit des moyens faciles d'augmenter ce genre d'électricité. De tels moyens sont aujourd'hui dans les mains de tous les expérimentateurs, et c'est au génie de Volta qu'on en est aussi redevable.

Au commencement de l'année 1800 (la date d'une aussi grande découverte ne peut être passée sous silence), à la suite de'quelques vues théoriques, l'illustre professeur imagina de former une longue colonne, en superposant successivement une rondelle de cuivre, une rondelle de zinc et une rondelle de drap mouillé avec la scrupuleuse attention de ne jamais intervertir cet ordre. Qu'attendre *à priori* d'une telle combinaison ? Eh bien ! je n'hésite pas à le dire, cette masse en apparence inerte, cet assemblage bizarre, cette *pile* de tant de couples de métaux dissemblables séparés par un peu de liquide, est, quant à la singularité, des effets, le plus merveilleux instrument que les hommes aient jamais inventé, sans en excepter le télescope et la machine à vapeur.

J'échapperai ici, j'en ai la certitude, à tout reproche d'exagération, si, dans l'énumération que je vais faire des propriétés de l'appareil de Volta, on me permet de citer à la fois et les propriétés que ce savant avait reconnues, et celles dont la découverte est due à ses successeurs.

À la suite du peu de mots que j'ai dits sur la composition de la pile, tout le monde aura remarqué que ses deux extrémités sont nécessairement dissemblables ; que s'il y a du zinc à la base, il se trouvera du cuivre au sommet, et réciproquement. Ces deux extrémités ont pris le nom de *pôles*.

Supposons maintenant que deux fils métalliques soient attachés aux pôles opposés, cuivre et zinc, d'une pile voltaïque. L'appareil, dans cette forme, se prêtera aux diverses expériences que je désire signaler.

Celui qui tient l'un des fils seulement n'éprouve rien, tandis qu'au moment même où il les touche tous deux, il ressent une violente commotion. C'est, comme on voit, le phénomène de la fameuse bouteille de Leyde, qui en 1740, excita à un si haut degré l'admiration de l'Europe. Mais la bouteille servait seulement une fois. Après chaque commotion, il fallait la recharger pour répéter l'expérience. La pile, au contraire, fournit à mille commotions successives. On peut donc, quant à ce genre d'effets, la comparer à la bouteille de Leyde, sous la condition d'ajouter qu'après chaque décharge elle reprend subitement d'elle-même son premier état. Si le fil qui part du pôle zinc est appuyé sur le bout de la langue, et le fil du pôle cuivre sur un autre point, on sent une saveur acide très-prononcée. Pour que cette saveur varie de nature, pour qu'elle devienne alcaline, il suffit de changer de place les deux fils.

Le sens de la vue n'échappe pas à l'action de cet instrument protée. Ici le phénomène paraîtra d'autant plus intéressant que la sensation lumineuse est excitée sans qu'il soit nécessaire de toucher l'œil. Qu'on applique le bout de l'un des fils sur le front, sur les joues, sur le nez, sur le menton et même sur la gorge ; à l'instant même où l'observateur saisit l'autre fil avec la main, il aperçoit, les yeux fermés, un éclair dont la vivacité et la forme varient suivant la partie de la face que le fluide électrique vient attaquer.

Des combinaisons analogues engendrent dans l'oreille des sons ou plutôt des bruits particuliers.

Ce n'est pas seulement sur les organes sains que la pile agit : elle excite, elle paraît ranimer ceux dans lesquels la vie semble tout à fait éteinte. Ici, sous l'action combinée des deux fils, les muscles d'une tête de supplicié éprouvaient de si effroyables contractions, que les spectateurs fuyaient épouvantés. Là, le tronc de la victime se soulevait en partie ; ses mains s'agitaient, elles frappaient les objets voisins, elles soulevaient des poids de quelques livres. Les muscles pectoraux imitaient les mouvements respiratoires ; tous les actes de la vie enfin se reproduisaient avec tant d'exactitude, qu'il fallait se demander si l'expérimentateur ne commettait pas un acte coupable, s'il n'ajoutait pas de cruelles souffrances à celles que la loi avait infligées au criminel qu'elle venait de frapper.

Les insectes, eux mêmes, soumis à ces épreuves, donnent d'intéressants résultats. Les fils de la pile, par exemple, accroissent beaucoup la lumière des vers luisants ; ils restituent le mouvement à une cigale morte ils la font chanter[1]. Si laissant de côté les propriétés physiologiques de la pile, nous l'envisageons comme machine électrique, nous nous trouverons transportés dans cette région de la science que Nicholson et Carlisle, Hisinger et Berzelius, Davy, Œrsted et Ampère, ont cultivée d'une manière si brillante.

D'abord, chacun des fils, considéré isolément, se montrera à la température ordinaire, à celle de l'air qui l'entoure. Au moment où ces fils se toucheront, ils acquerront une forte chaleur ; suffisamment fins, ils deviendront incandescents ; plus fins encore, ils se fondront tout à fait, ils couleront comme un liquide, fussent-ils de platine, c'est-à-dire du plus infusible des métaux connus. Ajoutons que, avec une pile très-forte, deux minces fils d'or ou de platine éprouvent au moment de leur contact une vaporisation complète, qu'ils disparaissent comme une vapeur légère.

Des charbons adaptés aux deux extrémités de ces mêmes fils s'allument aussi dès qu'on les amène à se toucher. La lumière qu'ils répandent à la ronde est si pure, si éblouissante, si remarquable par sa blancheur, qu'on n'a pas dépassé les limites du vrai en l'appelant de la lumière solaire.

Qui sait même si l'analogie ne doit pas être poussée plus loin ; si cette expérience ne résout pas un des plus grands problèmes de la philosophie naturelle ; si elle ne donne pas le secret de ce genre particulier de combustion que le soleil éprouve depuis tant de siècles, sans aucune perte sensible ni de matière, ni d'éclat ? Les charbons attachés aux deux fils de la pile deviennent, en effet, incandescents, même dans le vide le plus parfait. Rien alors ne s'incorpore à leur substance, rien ne paraît en sortir. À la fin d'une expérience de ce genre, quelque durée qu'on lui ait donnée, les charbons se retrouvent, quant à leur nature intime et à leur poids, dans l'état primitif.

Tout le monde sait que le platine, l'or, le cuivre, etc., n'agissent pas d'une manière sensible sur l'aiguille aimantée. Des fils de ces divers métaux attachés aux deux pôles de la pile sont dans le même cas si on les prend isolément. Au contraire, dès le moment qu'ils se touchent, une action magnétique très-intense se développe. Il y a plus, pendant toute la durée de leur contact, ces fils sont eux-mêmes de véritables aimants, car ils se chargent de limaille de fer, car ils communiquent une aimantation permanente aux lames d'acier qu'on place dans leur voisinage.

Lorsque la pile est très-forte et que les fils au lieu de se toucher sont à quelque distance, une vive lumière unit leurs extrémités. Eh bien cette lumière est magnétique ; un aimant peut l'attirer ou la repousser. Si aujourd'hui, sans y être préparés, je veux dire avec les seules connaissances de leur temps, Franklin et Coulomb m'entendaient parler d'une flamme attirable à l'aimant, un vif sentiment d'incrédulité serait certainement tout ce que je pourrais espérer de plus favorable.

Les mêmes fils, légèrement éloignés, plongeons-les tous les deux dans un liquide, dans de l'eau pure, par exemple. Dès ce moment l'eau sera décomposée ; les deux éléments gazeux qui la forment se désuniront ; l'oxygène se dégagera sur la pointe même du fil aboutissant au pôle zinc ; l'hydrogène, assez loin de là, à la pointe du fil partant du pôle cuivre. En s'élevant, les bulles ne quittent pas les fils sur lesquels leur développement s'opère ; les deux gaz constituants pourront donc être recueillis dans deux vases séparés.

Substituons à l'eau pure un liquide tenant en dissolution des matières salines, et ce seront alors ces matières que la pile analysera. Les acides se porteront vers le pôle zinc ; les alcalis iront incruster le fil du pôle cuivre.

Ce moyen d'analyse est le plus puissant que l'on connaisse. Il a récemment enrichi la science d'une multitude d'importants résultats. C'est à la pile, par exemple, qu'on est redevable de la première décomposition d'un grand nombre d'alcalis et de terres qui jusqu'alors étaient considérés comme des substances simples ; c'est par la pile que tous ces corps sont devenus des oxydes ; que la chimie possède aujourd'hui des métaux, tels que le potassium, qui se pétrissent sous les doigts comme de la cire ; qui flottent à la surface de l'eau, car ils sont plus légers qu'elle ; qui s'y allument spontanément en répandant la plus vive lumière.

Ce serait ici le lieu de faire ressortir tout ce qu'il y a de mystérieux, je dirais presque d'incompréhensible, dans les décompositions opérées par l'appareil voltaïque ; d'insister sur les dégagements séparés, complétement distincts, des deux éléments gazeux désunis d'un liquide ; sur les précipitations des principes constituants solides d'une même molécule saline, qui s'opèrent dans des points du fluide dissolvant fort distants l'un de l'autre ; sur les étranges mouvements de transport que ces divers phénomènes paraissent impliquer ; mais le temps me manque. Toutefois, avant de terminer ce tableau, je remarquerai que la pile n'agit pas seulement comme moyen d'analyse ; que si en changeant beaucoup les rapports électriques des éléments des corps, elle amène souvent leur séparation complète, sa force, délicatement ménagée, est devenue, au contraire, dans les mains d'un de nos confrères, le principe régénérateur d'un grand nombre de combinaisons dont la nature est prodigue, et que l'art jusqu'ici ne savait pas imiter.

J'ajouterai encore quelques mots pour indiquer diverses modifications que la pile a subies depuis qu'elle est sortie des mains de son illustre inventeur.

La pile, dans ce qui la caractérise, se compose d'un grand nombre de couples ou combinaisons binaires de métaux dissemblables. Ces métaux sont ordinairement le cuivre et le zinc. Les éléments, cuivre et zinc, de chaque couple, peuvent être soudés entre eux.

Les couples se suivent dans le même ordre. Ainsi, quand le zinc est en dessous dans le premier, il faut, indispensablement qu'il soit aussi en dessous dans tous les autres. Les couples, enfin, doivent être séparés par un liquide conducteur de l'électricité. Or, qui ne voit combien il est facile de satisfaire à ces conditions, *sans superposer* les éléments, sans les mettre en *pile* ? Cette première disposition, qui, par parenthèse, est l'origine du nom que porte l'instrument, a été changée. Les couples, aujourd'hui, sont verticaux et se succèdent de manière à former, par leur ensemble, un parallélipipède horizontal. Chacun d'eux plonge dans une case renfermant un liquide qui remplace lui-même avec avantage les rondelles de carton ou de drap, seulement mouillées, qui étaient employées à l'origine.

Quelques physiciens ont exécuté, sous la dénomination de *piles sèches*, des appareils qui, comparativement, peuvent être appelés de ce nom, sans toutefois le mériter d'une manière absolue. Les plus connues, celles du professeur Zamboni, se composent de plusieurs milliers de disques d'un papier, dont une surface est étamée, tandis que l'autre se trouve recouverte d'une couche mince d'oxyde de manganèse pulvérisé, qui est devenue adhérente par l'intermédiaire d'une colle formée de farine et de lait. Les disques, comme de raison, étant superposés dans le même ordre, leurs faces dissemblables, je veux dire les faces étain et manganèse de deux disques contigus, sont en contact. Voilà donc les deux éléments métalliques, de nature différente, qui composaient ce que nous appelions les *couples* dans la description de la première pile de Volta. Quant au liquide conducteur intermédiaire, ceux qui refusent aux piles de Zamboni le nom de *piles sèches*, le trouvent dans l'humidité que conserve toujours, en vertu de sa propriété hygrométrique, le papier interposé entre chaque lame d'étain et la couche de manganèse en poudre.

Les étonnants effets que les physiciens obtiennent avec les piles voltaïques dépendent, sans doute, en partie, des améliorations notables qu'ils ont apportées dans la construction de ces appareils ; mais il faut en chercher la principale cause dans les énormes dimensions qu'ils sont parvenus à leur donner. Les couples métalliques, dans les premières piles de Volta, n'étaient guère plus larges qu'une pièce de cinq francs. Dans la pile de M. Children, chacun des éléments avait une surface de trente-deux pieds anglais carrés !

Volta, ainsi qu'on a pu le reconnaître dans l'analyse que j'ai donnée de ses idées, voyait la cause du développement d'électricité, dans le simple attouchement des deux métaux de nature différente qui composent chaque couple. Quant au liquide interposé entre eux, il remplissait seulement l'office de conducteur. Cette *théorie*, qui porte le nom de *théorie du contact*, fut attaquée, de bonne heure, par un des compatriotes de Volta, par Fabroni. Celui-ci crut entrevoir que l'oxydation des faces métalliques des couples, opérée par le liquide qui les touche, était la cause principale des phénomènes de la pile. Wollaston, quelque temps après, développa cette même opinion avec sa sagacité ordinaire. Davy l'appuya, à son tour, d'ingénieuses expériences. Aujourd'hui, enfin, cette *théorie chimique* de la pile règne presque sans partage parmi les physiciens.

Je disais, Messieurs, tout à l'heure avec quelque timidité, que la pile est le plus merveilleux instrument qu'ait jamais créé l'intelligence humaine. Si dans l'énumération que vous venez d'entendre de ses diverses propriétés, ma voix n'avait pas été impuissante, je pourrais maintenant revenir sans scrupule sur mon assertion, et la regarder comme parfaitement établie.

Suivant quelques biographes, la tête de Volta épuisée par de longs travaux, et surtout par la création de la pile, se refusa à toute nouvelle production. D'autres ont vu dans un silence obstiné de près de trente années, l'effet d'une crainte puérile, à laquelle l'illustre physicien n'aurait pas eu le courage de se soustraire, Il redoutait, dit-on, qu'en comparant ses nouvelles recherches à celles de l'électricité par contact, le public ne se hâtât d'en conclure que son intelligence s'était affaiblie. Ces deux explications sont sans doute très-ingénieuses, mais elles ont le grand défaut d'être parfaitement inutiles : la pile, en effet, est de 1800 ; or deux ingénieux Mémoires, l'un sur le *Phénomène de la grêle*, l'autre sur la *Périodicité des orages et le froid qui les accompagne*, n'ont été publiés que six et dix-sept années après !

1. ⥮ En imprimant un extrait de l'éloge de Volta dans l'Annuaire du Bureau des longitudes de 1834, sous le titre : *Notice historique sur la pile voltaïque*, M. Arago a ajouté : « Les effets merveilleux de la pile acquièrent chaque jour plus d'extension. Quant à ses propriétés médicales, quant à la faculté qu'elle possède, dit-on, de guérir, par ses décharges, certaines maladies d'estomac et les paralysies, j'ai dû, faute de renseignements suffisamment précis, ne pas céder à l'invitation qu'on m'a faite de m'en occuper. Je dirai, toutefois, que M. Marianini, de Venise, l'un des physiciens les plus distingués de notre époque, a obtenu récemment, dans huit cas de paralysie intense, des résultats si complétement favorables, à l'aide de l'action habilement dirigée des électro-moteurs, qu'il y aurait, de la part des médecins, la négligence la plus coupable à ne pas porter leur attention sur ce moyen de soulager l'humanité souffrante. »

Messieurs, je viens de dérouler devant vous le tableau de la brillante carrière que Volta a parcourue. J'ai essayé de caractériser les grandes découvertes dont ce puissant génie a doté les sciences physiques. Il ne me reste plus, pour me conformer à l'usage, qu'à raconter brièvement les principales circonstances de sa vie publique et privée.

Les pénibles fonctions dont Volta se trouva chargé presque au sortir de l'enfance, le retinrent dans sa ville natale jusqu'en 1777. Cette année, pour la première fois, il s'éloigna des rives pittoresques du lac de Come, et parcourut la Suisse. Son absence dura peu de semaines ; elle ne fut d'ailleurs marquée par aucune recherche importante. À Berne, Volta visita l'illustre Haller, qu'un usage immodéré de l'opium allait conduire au tombeau. De là il se rendit à Ferney, où tous les genres de mérite étaient assurés d'un bienveillant accueil. Notre immortel compatriote, dans le long entretien qu'il accorda au jeune professeur, parcourut les branches si nombreuses, si riches, si variées de la littérature italienne ; il passa en revue les savants, les poëtes, les sculpteurs, les peintres dont cette littérature s'honore, avec une supériorité de vues, une délicatesse de goût, une sûreté de jugement qui laissèrent dans l'esprit de Volta des traces ineffaçables.

À Genève, Volta se lia d'une étroite amitié avec le célèbre historien des Alpes, l'un des hommes les plus capables d'apprécier ses découvertes.

C'était un grand siècle, Messieurs, que celui où un voyageur, dans la même journée, sans perdre le Jura de vue, pouvait rendre hommage à Saussure, à Haller, à Jean-Jacques, à Voltaire.

Volta rentra en Italie par Aigue-Belle, apportant à ses concitoyens le précieux tubercule dont la culture, convenablement encouragée, rendra toute véritable famine impossible. Dans la Lombardie, où d'épouvantables orages détruisent en quelques minutes les céréales répandues sur de vastes étendues de pays, une matière alimentaire qui se développe, croît et mûrit au sein de la terre, à l'abri des atteintes de la grêle, était pour la population tout entière un présent inappréciable.

Volta avait écrit lui-même une relation détaillée de sa course en Suisse, mais elle était restée dans les archives lombardes. On doit sa publication récente à un usage qui, suivant toute apparence, ne sera pas adopté de si tôt dans certain pays où, sans être lapidé, un écrivain a pu appeler le mariage la plus sérieuse des choses bouffonnes. En Italie, où cet acte de notre vie est sans doute envisagé avec plus de gravité, chacun, dans sa sphère, cherche à le signaler par quelque hommage à ses concitoyens. Ce sont les noces de M. Antoine Reina, de Milan, qui, en 1827, ont fait sortir l'opuscule de Volta des cartons officiels de l'autorité, véritables catacombes où, dans tous les pays, une multitude de trésors vont s'ensevelir sans retour.

Les institutions humaines sont si étranges, que le sort, le bien-être, tout l'avenir d'un des plus grands génies dont l'Italie puisse se glorifier, étaient à la merci de l'administrateur général de la Lombardie. En choisissant ce fonctionnaire, l'autorité, quand elle était difficile, exigeait, je le suppose, que certaines notions de finances se joignissent au nombre de quartiers de noblesse impérieusement prescrits par l'étiquette ; et voilà cependant l'homme qui devait décider, décider sans appel, Messieurs, si Volta méritait d'être transporté sur un plus vaste théâtre, ou bien si, relégué dans la petite école de Come, il serait toute sa vie privé des dispendieux appareils qui, certes, ne suppléent pas le génie, mais lui donnent une grande puissance. Le hasard, hâtons-nous de le reconnaître, corrigea à l'égard de Volta ce qu'une telle dépendance avait d'insensé. L'administrateur, comte de Firmian, était un ami des lettres. L'école de Pavie devint l'objet de ses soins assidus. Il y établit une chaire de physique, et, en 1779, Volta fut appelé à la remplir. Là, pendant de longues années, une multitude de jeunes gens de tous les pays se pressèrent aux leçons de l'illustre professeur ; là ils apprenaient, je ne dirai pas les détails de la science, car presque tous les livres les donnent, mais l'histoire philosophique des principales découvertes ; mais de subtiles corrélations qui échappent aux intelligences vulgaires ; mais une chose que très-peu de personnes ont le privilége de divulguer : la marche des inventeurs.

Le langage de Volta était lucide, sans apprêt, inanimé quelquefois, mais toujours empreint de modestie et d'urbanité. Ces qualités, quand elles s'allient à un mérite du premier ordre, séduisent partout la jeunesse. En Italie, où les imaginations s'exaltent si aisément, elles avaient produit un véritable enthousiasme. Le désir de se parer dans le monde du titre de disciple de Volta contribua pour une large part, pendant plus d'un tiers de siècle, aux grands succès de l'université du Tésin.

Le proverbial *far niente* des Italiens est strictement vrai quant aux exercices du corps. Ils voyagent peu, et dans des familles très-opulentes, on trouve tel Romain que les majestueuses éruptions du Vésuve n'ont jamais arraché aux frais ombrages de sa *villa* ; des Florentins instruits auxquels Saint-Pierre et le Colisée ne sont connus que par des gravures ; des Milanais qui toute leur vie croiront sur parole qu'à quelques lieues de distance, il existe une immense ville et des centaines de magnifiques palais bâtis au milieu des flots. Volta ne s'éloigna lui-même des rives natales du Lario, que dans des vues scientifiques. Je ne pense pas qu'en Italie ses excursions se soient étendues jusqu'à Naples et à Rome. Si en 1780 nous le voyons franchir les Apennins pour se rendre de Bologne à Florence c'est qu'il a l'espoir de trouver sur la route, dans les feux de *pietra-mala* l'occasion de soumettre à une épreuve décisive les idées qu'il a conçues sur l'origine du gaz inflammable natif. Si en

1782, accompagné du célèbre Scarpa, il visite les capitales de l'Allemagne, de la Hollande, de l'Angleterre, de la France, c'est pour faire connaissance avec Lichtenberg, Van-Marum, Priestley, Laplace, Lavoisier ; c'est pour enrichir le cabinet de Pavie de certains instruments de recherches et de démonstration dont les descriptions et les figures les mieux exécutées ne peuvent donner qu'une idée imparfaite.

D'après l'invitation du général Bonaparte, conquérant de l'Italie, Volta revint à Paris en 1801. Il y répéta ses expériences sur l'électricité par contact, devant une commission nombreuse de l'Institut. Le premier consul voulut assister en personne à la séance dans laquelle les commissaires rendirent un compte détaillé de ces grands phénomènes. Leurs conclusions étaient à peine lues qu'il proposa de décerner à Volta une médaille en or destinée à consacrer la reconnaissance des savants français. Les usages, disons plus, les règlements académiques ne permettaient guère de donner suite à cette demande ; mais les règlements sont faits pour des circonstances ordinaires, et le professeur de Pavie venait de se placer hors de ligne. On vota donc la médaille par acclamation ; et comme Bonaparte ne faisait rien à demi, le savant voyageur reçut le même jour, sur les fonds de l'État, une somme de 2,000 écus pour ses frais de route. La fondation d'un prix de 60,000 francs en faveur de celui qui imprimerait aux sciences de l'électricité ou du magnétisme une impulsion comparable à celle que la première de ces sciences reçut des mains de Franklin et de Volta, n'est pas un signe moins caractéristique de l'enthousiasme que le grand capitaine avait éprouvé. Cette impression fut durable. Le professeur de Pavie était devenu pour Napoléon le type du génie. Aussi le vit-on, coup sur coup, décoré des croix de la Légion d'Honneur et de la Couronne de Fer ; nommé membre de la consulte italienne ; élevé à la dignité de comte et à celle de sénateur du royaume lombard. Quand l'Institut italien se présentait au palais, si Volta, par hasard, ne se trouvait pas sur les premiers rangs, les brusques questions : « Où est Volta ? serait-il malade ? pourquoi n'est-il pas venu ? » montraient avec trop d'évidence, peut-être, qu'aux yeux du souverain les autres membres, malgré tout leur savoir, n'étaient que de simples satellites de l'inventeur de la pile. « Je ne saurais consentir, disait Napoléon en 1804, à la retraite de Volta. Si ses fonctions de professeur le fatiguent, il faut les réduire. Qu'il n'ait, si l'on veut, qu'une leçon à faire par an ; mais l'université de Pavie serait frappée au cœur le jour où je permettrais qu'un nom aussi illustre disparût de la liste de ses membres ; d'ailleurs, ajoutait-il, un bon général doit mourir au champ d'honneur. » Le bon général trouva l'argument irrésistible, et la jeunesse italienne, dont il était l'idole, put jouir encore quelques années de ses admirables leçons.

Newton, durant sa carrière parlementaire, ne prit, dit-on, la parole qu'une seule fois, et ce fut pour inviter l'huissier de la chambre des communes à fermer une fenêtre dont le courant d'air aurait pu enrhumer l'orateur qui discourait alors. Si les huissiers de Lyon, pendant la consulte italienne ; si les huissiers du sénat, à Milan, avaient été moins soigneux, peut-être que par bonté d'âme, Voita, ne fût-ce qu'un moment, aurait vaincu son extrême réserve ; mais l'occasion manqua, et l'illustre physicien sera inévitablement rangé dans la catégorie de ces personnages qui, timides ou indifférents, traversent pendant de longues révolutions les assemblées populaires les plus animées, sans émettre un avis, sans proférer un seul mot.

On a dit que le bonheur, comme les corps matériels, se compose d'éléments insensibles. Si cette pensée de Franklin est juste, Volta fut heureux. Livré tout entier, malgré d'éminentes dignités politiques, aux travaux de cabinet, rien ne troubla sa tranquillité. Sous la loi de Solon on l'aurait même banni, car aucun des partis qui, pendant près d'un quart de siècle, agitèrent la Lombardie, ne put se vanter de le compter dans ses rangs. Le nom de l'illustre professeur ne reparaissait après la tempête, que comme une parure pour les autorités du jour. Dans l'intimité même, Volta avait la plus vive répugnance pour toute conversation relative aux affaires publiques ; il ne se faisait aucun scrupule d'y couper court dès qu'il en trouvait l'occasion par un de ces jeux de mots qu'en Italie on appelle *freddure*, et en France calembour. Il faut croire qu'à cet égard une longue habitude ne rend pas infaillible, car plusieurs des *freddure* du grand physicien, qu'on n'a pas dédaigné de citer, sont loin d'être aussi irréprochables que ses expériences.

Volta s'était marié en 1794, à l'âge de quarante-neuf ans, avec mademoiselle Thérèse Peregrini. Il en a eu trois fils : deux lui ont survécu ; l'autre mourut à dix-huit ans, au moment où il faisait concevoir les plus brillantes espérances. Ce malheur est, je crois, le seul que notre philosophe ait éprouvé pendant sa longue carrière. Ses découvertes étaient sans doute trop brillantes pour n'avoir pas éveillé l'envie ; mais elle n'osa pas les attaquer, même sous son déguisement le plus habituel : jamais elle n'en contesta la nouveauté.

Les discussions de priorité ont été de tout temps le supplice des inventeurs. La haine, car c'est le sentiment qui ordinairement les fait naître, n'est pas difficile dans le choix des moyens d'attaque. Quand les preuves lui manquent, le sarcasme devient son arme de prédilection et elle n'a que trop souvent le cruel avantage de le rendre incisif. On rapporte qu'Harvey, qui avait résisté avec constance aux nombreuses critiques dont sa découverte fut l'objet, perdit totalement courage lorsque certains adversaires, sous la forme d'une concession, déclarèrent qu'ils lui reconnaissaient le mérite d'*avoir fait circuler la circulation du sang.* Félicitons-nous, Messieurs, que Volta n'ait jamais essuyé de pareils débats ; félicitons ses compatriotes de les lui avoir épargnés. L'école bolonaise crut longtemps sans doute à l'existence d'une électricité animale. D'honorables sentiments de nationalité, lui firent désirer que la découverte de Galvani restât entière ; qu'elle ne rentrât pas, comme cas particulier, dans les grands phénomènes de l'électricité voltaïque ; et toutefois, jamais elle ne parla de ces phénomènes qu'avec admiration ; jamais une bouche italienne ne prononça le nom de l'inventeur de la pile sans l'accompagner des témoignages les moins équivoques d'estime et de profond respect ; sans l'unir à un mot bien expressif dans sa simplicité, bien doux surtout aux oreilles d'un citoyen : jamais, depuis Rovérédo jusqu'à Messine, les gens instruits n'appelèrent le physicien de Pavie que *nostro* Volta.

J'ai dit de quelles dignités Napoléon le revêtit. Toutes les grandes académies de l'Europe l'avaient déjà appelé dans leur sein. Il était l'un des huit associés étrangers de la première classe de l'Institut. Tant d'honneurs n'éveillèrent jamais dans l'âme de Volta un mouvement d'orgueil. La petite ville de Come fut constamment son séjour favori. Les offres séduisantes et réitérées de la Russie ne purent le déterminer à échanger le beau ciel du Milanez contre les brumes de la Newa.

Intelligence forte et rapide, idées grandes et justes, caractère affectueux et sincère, telles étaient les qualités dominantes de l'illustre professeur. L'ambition, la soif de l'or, l'esprit de rivalité, ne dictèrent aucune de ses actions. Chez lui l'amour de l'étude, c'est l'unique passion qu'il ait éprouvée, resta pur de toute alliance mondaine.

Volta avait une taille élevée, des traits nobles et réguliers comme ceux d'une statue antique, un front large que de laborieuses méditations avaient profondément sillonné, un regard où se peignaient également le calme de l'âme et la pénétration de l'esprit. Ses manières conservèrent toujours quelques traces d'habitudes campagnardes contractées dans la jeunesse. Bien des personnes se rappellent avoir vu Volta à Paris, entrer journellement chez les boulangers, et manger ensuite dans la rue en se promenant les gros pains qu'il venait d'acheter, sans même se douter qu'on pourrait en faire la remarque. On me pardonnera, je l'espère, tant de minutieuses particularités. Fontenelle n'a-t-il pas raconté que Newton avit une épaisse chevelure, qu'il ne se servit jamais de lunettes, et qu'il ne perdit qu'une seule dent ? D'aussi grands noms justifient et anoblissent les plus petits détails !

Lorsque Volta quitta définitivement, en 1819, la charge dont il était revêtu dans l'université du Tésin il se retira à Come. À partir de cette époque, toutes ses relations avec le monde scientifique cessèrent. À peine recevait-il quelques-uns des nombreux voyageurs qui, attirés par sa grande renommée, allaient lui présenter leurs hommages. En 1823, une légère attaque d'apoplexie amena de graves symptômes. Les prompts secours de la médecine parvinrent à les dissiper. Quatre ans après, en 1827, au commencement de mars, le vénérable vieillard fut atteint d'une fièvre qui, en peu de jours, anéantit le reste de ses forces. Le 5 de ce même mois, il s'éteignit sans douleur. Il était alors âgé de quatre-vingt-deux ans et quinze jours.

Come célébra les obsèques de Volta avec une grande pompe. Les professeurs et les élèves du lycée, les amis des sciences, tous les habitants éclairés de la ville et des environs, s'empressèrent d'accompagner jusqu'à leur dernière demeure les restes mortels du savant illustre, du vertueux père de famille, du citoyen charitable. Le beau monument qu'ils ont élevé à sa mémoire, près du pittoresque village de *Camnago,* d'où la famille de Volta était originaire, témoigne d'une manière éclatante de la sincérité de leurs regrets. Au reste, l'Italie tout entière s'associa au deuil du Milanez. De ce côté-ci des Alpes, l'impression fut beaucoup moins vive. Ceux qui ont paru s'en étonner, avaient-ils remarqué que le même jour, que presque à la même heure, la France avait perdu l'auteur de la *Mécanique céleste* ? Volta, depuis six ans, n'existait plus que pour sa famille. Sa vive intelligence s'était presque éteinte. Les noms d'électrophore, de condensateur, le nom même de la pile, n'avaient plus le privilège de faire battre son cœur ! Laplace, au contraire, conserva jusqu'à son dernier jour cette ardeur, cette vivacité d'esprit, cet amour passionné pour les découvertes scientifiques, qui pendant plus d'un demi-siècle le rendirent l'âme de vos réunions. Lorsque la mort le surprit à l'âge de soixante-dix-huit ans, il publiait une suite au cinquième volume de son grand ouvrage. En réfléchissant à l'immensité d'une telle perte, on reconnaîtra, je ne saurais en douter, qu'il y a eu quelque injustice à reprocher à l'Académie d'avoir, au premier moment, concentré toutes ses pensées sur le coup funeste qui venait de la frapper. Quant à moi, Messieurs, qui n'ai jamais pu me méprendre sur vos sentiments, toute ma crainte aujourd'hui est de n'avoir pas su faire ressortir au gré de vos désirs les immenses services rendus aux sciences par l'illustre professeur de Pavie. Je me flatte, en tout cas, qu'on ne l'imputera pas à un manque de conviction. Dans ces moments de douce rêverie, où, passant en revue tous les travaux contemporains, chacun, suivant ses habitudes, ses goûts, la direction de son esprit, choisit avec tant de discernement celui de ces travaux dont il voudrait de préférence être l'auteur, la Mécanique céleste et la Pile voltaïque venaient à la fois et toujours sur la même ligne s'offrir à ma pensée ! Un académicien voué à l'étude des astres ne pourrait pas donner un plus vif témoignage de l'admiration profonde que lui ont toujours inspirée les immortelles découvertes de Volta.

La place d'associé étranger, que la mort de Volta laissa vacante, a été remplie par le docteur Thomas Young. Les corps académiques sont heureux, Messieurs, lorsqu'en se recrutant, ils peuvent ainsi faire succéder le génie au génie.